AF312704

PROGRAMME

D'UNE

DESCRIPTION GÉOLOGIQUE

ET MINÉRALOGIQUE

DU DÉPARTEMENT DU NORD.

PROGRAMME

D'UNE

DESCRIPTION GÉOLOGIQUE

ET MINÉRALOGIQUE

DU DÉPARTEMENT DU NORD,

Par J. GOSSELET,

Professeur à la Faculté des Sciences de Lille.

(Extrait de l'Introduction à la Statistique archéologique publiée
par la Commission historique.)

LILLE,

IMPRIMERIE DE L. DANEL.

1867.

PROGRAMME

D'UNE

DESCRIPTION GÉOLOGIQUE

ET MINÉRALOGIQUE

DU DÉPARTEMENT DU NORD.

I.

TOPOGRAPHIE.

Le département du Nord , ainsi nommé à cause de sa position géographique , qui est la plus septentrionale de la France , est situé entre les 0° 13' à l'ouest et 2° 3' à l'est du méridien de l'Observatoire de Paris , et entre les 49° 58' et 51° 5' de latitude.

Il est formé de la réunion des anciennes provinces ci-après , savoir : la Flandre française en entier ; le Cambrésis , sauf quatre communes , et le Hainaut français presque en totalité. Il comprend en outre quelques communes de l'Artois , dans les arrondissements de Lille , Douai et Cambrai , et dans ce dernier , cinq communes du Vermandois.

Les limites du département sont : au nord-ouest, la Manche, au nord-est, la Belgique ; au sud-est, le département de l'Aisne, et au sud-ouest, les départements de la Somme et du Pas-de-Calais.

2

Il s'étend du nord-ouest au sud-est, et sa longueur, prise de Dunkerque jusqu'à Baives, commune située au-delà du bourg de Trélon, à l'extrémité de l'arrondissement d'Avesnes, est d'environ 200 kilomètres. Sa largeur est très-variable dans les diverses parties qui le composent : prise à Gouzeaucourt jusqu'à Condé, elle est de 64 kilom., tandis que vers Armentières, où le territoire est très-resserré, elle est de 5 kilom. seulement. Sa surface totale est de 568,086-88 hectares, qui se subdivisent par arrondissement de la manière suivante : Dunkerque, 72,160-32 ; Hazebrouck, 69,320-07 ; Lille, 87,438-78 ; Cambrai, 89,260-33 ; Avesnes, 139,723-24 ; Douai, 47,205-85 ; Valenciennes, 62,978-29.

II.

GÉOLOGIE.

Le sol du département du Nord est entièrement formé par les terrains fossilifères ; on n'y trouve ni roches éruptives ni même les premiers sédiments qui se sont formés dès que l'eau a pu séjourner à la surface du globe, et qui par leur structure cristalline et l'absence de corps organisés tiennent le milieu entre les roches éruptives et les terrains plus récents.

Les *terrains paléontoniques* ou *fossilifères* se divisent en trois grands groupes, qui existent tous trois dans le département :

1° Les *terrains primaires* ne se voient à découvert que dans la partie orientale de l'arrondissement d'Avesnes ; mais on les atteint toujours , lorsque l'on creuse assez profondément dans tout le département ;

2° Les *terrains secondaires* forment en totalité ou en partie le sol des arrondissements d'Avesnes (partie occidentale) , de Cambrai , de Valenciennes , de Douai et de Lille ;

3° Les *terrains tertiaires* constituent des lambeaux peu épais à la surface des arrondissements d'Avesnes et de Cambrai ; ils acquièrent plus de développement dans ceux de Valenciennes , de Douai et de Lille , et ils forment à eux seuls le sol des arrondissements d'Hazebrouck et de Dunkerque.

Dans ces deux arrondissements surtout , et même dans les cinq autres on rencontre des dépôts plus récents qui recouvrent les terrains fossilifères et qui sont *contemporains* de l'existence de l'homme.

TERRAINS PRIMAIRES.

Les terrains primaires du département du Nord sont le prolongement occidental des montagnes de l'Ardenne ; ils atteignent dans les environs d'Anor et de Trélon une altitude de 240 à 250^m au-dessus du niveau de la mer. Ils s'abaissent de plus en plus à mesure qu'ils se dirigent vers l'ouest ; à Marbaix, avant de disparaître sous les terrains secondaires, ils ne sont plus qu'à 150 ou 160^m ; à Crèvecœur, près de Cambrai, un sondage les a joints à 137^m de profondeur ; c'est-à-dire à 60^m au-dessous du niveau de la mer ; à Lille (Hôpital-Militaire), ils sont à 51^m 75 au-dessous du même niveau.

Les couches des terrains primaires sont plissées, contournées, fortement inclinées, quelquefois même perpendiculaires ; il semble qu'elles ont subi une pression latérale du nord au sud, de sorte que les plis sont dirigés de l'est à l'ouest. Il s'est en outre produit de nombreuses fentes ou *failles* qui ont amené au contact des roches d'âge différent. Le pli le plus considérable est celui qui s'étend en ligne un peu courbe de Quiévrechain à Douai, en passant par Valenciennes et Bouchain ; il divise les terrains primaires en deux bassins et il a été accompagné d'une grande faille qui le limite vers le nord. Le bassin primaire méridional est seul visible dans l'arrondissement d'Avesnes. Le bassin septentrional n'est connu dans le département que par des sondages ; c'est lui qui renferme la houille.

A. — Terrain silurien.

Ce terrain n'affleure pas dans le département. On le voit un peu au-delà de la limite du département de l'Aisne, sur le territoire de Moudrepuits ; il a été atteint souterrainement dans un forage fait à Menin, et il doit se prolonger vers l'ouest, sous les arrondissements d'Hazebrouck et de Dunkerque.

B. — Terrain dévonien.

Il se divise en trois étages :

a. — Étage dévonien inférieur.

1re Assise. — Couches de gedinne (*Terrain Rhénan* de M. Meugy). Cette assise est visible dans le sud de l'arrondissement d'Avesnes. Épaisseur approximative : 300^m. On y distingue trois zones :

1re *Zone.* — Poudingue formé de petits grains de quartz réunis par un ciment feldspathique, il n'affleure pas dans le département, mais on le voit à 100^m au sud de la limite du département de l'Aisne, près de la forge neuve de Milourd. Un puits un peu profond, creusé sur le territoire d'Anor le rencontrerait infailliblement.

2° *Zone* — Schistes argileux verdâtres à *Grammysia Hamiltonensis;* ils occupent l'espace compris entre le poudingue précédent et la frontière départementale.

3° *Zone* — Schistes bigarrés, rouge violacé ou vert clair; ils sont visibles sur le territoire d'Anor (canton de Trélon), au Maca de Milourd, à la Neuve-Forge, au moulin de la Lobiette.

2° Assise. — Grauwacke à *Leptœna Murchisoni (Terrain Rhénan* de M. Meugy). Cette assise n'est également visible que dans le sud de l'arrondissement d'Avesnes; elle est formée de grès rouges ou blancs, de schistes plus ou moins arénacés, grisâtres, rougâtres ou verdâtres. Épaisseur 2000^m.

1re *Zone.* — Les grès y dominent; ils sont exploités au sud d'Anor.

2e *Zone.* — Cette zone est essentiellement schisteuse; on peut la voir au nord du village d'Anor, sur les routes de Fourmies et d'Ohain. On l'exploite quelquefois pour empierrer les chemins vicinaux, mais ce sont de mauvais matériaux.

3e Assise. — Poudingue de Burnot (Partie du *Poudingue de Burnot,* Meugy) Cette assise forme deux bandes, l'une dans le sud, l'autre dans le nord de l'arrondissement d'Avesnes.

Bande méridionale. — Elle est composée de grès et de

schistes rouges ou vert foncé ; elle passe à 500 mètres au sud de Wignehies, au nord de Fourmies et au moulin de Carnailles. A Wignehies on y exploite des grès comme pierres de construction. Épaisseur 500 mètres.

Bande septentrionale.— Elle est formée de grès, de psammites et de schistes avec bancs intercalés de poudingue. La couleur de ces roches est généralement rouge, quelquefois elle est d'un vert foncé. Le poudingue est composé de gros galets en grès ou en quarzite et de grains plus fins en quartz-hyalin gras, le tout réuni par un ciment siliceux ou argilo-siliceux. Quelques variétés composées uniquement de grains pisaires de quartz gras agglutinés par un ciment siliceux abondant sont employées pour construire des hauts-fournaux.

On observe les roches du poudingue de Burnot à Villerssire-Nicole, dans la vallée de la Trouille, à Gognies-Chaussée, à Taisnières-sur-Hon. A partir des environs de Bavai on peut les suivre souterrainement vers l'ouest. Des sondages les ont fait connaître à Quiévrechain, à Étreux, à Valenciennes, à Famars, à Bouchain, à Mastaing, à Douai, à Esquerchin. Elles forment ainsi la limite sud du bassin houiller.

4ᵉ Assise. — Schistes a calcéoles (Partie du *Poudingue de Burnot*, Meugy). Ils forment au nord de la bande méridionale du poudingue de Burnot, une bande régulière qui s'étend depuis la frontière belge à Momignies jusqu'à la limite du département de l'Aisne, près de Rocquignies. Au sud de la même bande de poudingue de Burnot, aux environs de Fourmies, les schistes à calcéoles forment un petit bassin irrégulier dont les rapports géologiques ne sont pas encore bien définis. Cette assise est composée de schistes argileux et de bancs calcaires subordonnés. Elle est très-riche en fossiles sur le territoire belge, mais en France les fossiles sont moins nombreux et l'assise elle-même est presque toujours cachée par la végétation. Épaisseur approximative, 1,500^m.

1re *Zone.* — Schistes à *spirifer cultrijugatus*. Ce sont des schistes arénacés, micacés. On peut les observer à Wignehies et dans les environs de Fourmies. Ils renferment à la partie supérieure deux couches de minerai de fer dont il sera question plus tard; quelques bancs calcaires exploités au hameau des Maillets, commune de Wignehies, peuvent se rapporter à cette zone.

2e *Zone.* — Calcaire (Partie du *calcaire de Givet*, Meugy). Formant une couche régulière au milieu de l'assise; il est compacte, noir-bleuâtre; on l'exploite pour empierrer les chemins. On peut l'observer à Ohain (carrières); à Couplevoie, hameau de Glageon (carrières); à Wignehies, sur la route contre le territoire de Rocquignies (anciennes carrières); à Fourmies, au sud-ouest du village et dans le hameau des Tries de Villers (carrières).

3e *Zone.* — Schistes à *Spirifer speciosus*. Ce sont des schistes argileux, un peu moins durs que ceux de la 1re zone. On les observe à l'extrême frontière entre le moulin de Bourges et la route de Chimai, le long du ruisseau de Glageon, entre Trélon et la haye de Trélon.

b — ÉTAGE DÉVONIEN MOYEN.

ASSISE UNIQUE. — CALCAIRE DE GIVET. (Partie du *Calcaire de Givet*, Meugy.) Cette assise est formée de calcaire compacte, bleu-foncé ou noir; on y remarque souvent des veines blanches, produites tantôt par des filons de calcaire spathique, tantôt par des fossiles spathisés. Les fossiles y sont nombreux par places mais toujours difficiles à obtenir à cause de la compacité de la roche; ce calcaire est exploité comme marbre, comme pierre à chaux, et comme matériaux d'empierrement. Epaisseur approximative 400^m.

Cette assise forme 9 bandes :

1° Bande méridionale qui longe les schistes à calcéoles. Elle est exploitée à Baives, Wallers, Trélon, Glageon, Féron (hameau de Trou-Féron), Wignehies (hameau des Éguries).

2° Bande septentrionale, adossée à la bande septentrionale du poudingue de Burnot; elle passe par Jeumont, Maubeuge, Bavai. Elle est en grande partie cachée par les terrains plus récents, et on ne peut guère l'observer que dans les vallées de la Sambre et de l'Hogneau; on a ouvert des carrières dans les communes suivantes : Vallée de la Sambre: Jeumont, Marpent, Boussois, Recquignies, Maubeuge; vallée de l'Hogneau : Taisnières-sur-Hon, Hon, Houdain, Bellignies, Gussignies, Bettrechies et Saint-Waast.

Les bandes intermédiares ont généralement moins d'étendue; elles n'apparaissent que dans les parties les plus convexes des plis de l'étage dévonien supérieur, formant une selle ou dos d'âne qui sort d'une fente plus ou moins longue.

3° Bande de Boussière, exploitée dans les communes de Boussière et d'Haumont.

4° Bande de Ferrières, exploitée dans le village de **Ferrières-la-Grande**.

5° Bande d'Ostregnies ; on y a ouvert quelques carrières dans le hameau de ce nom , commune de Colleret.

6° Bande de Boussignies ; carrières dans le village.

7° Bande de Cousolre, exploitée tant près du village que vers le hameau de Reugnies.

8° Bande d'Hestrud , exploitée au nord du village.

c. — ÉTAGE DÉVONIEN SUPÉRIEUR.

1re ASSISE. — SCHISTES DE FAMENNE (Partie des *Psammites du Condros*, Meugy). Cette assise est formée essentiellement de schistes argileux ; à sa base, elle renferme des calcaires. On y distingue 3 zones.

1° *Zone inférieure.*— Calcaire : Elle est composée de bancs calcaires et de bancs schisteux, alternant ensemble et renfermant les mêmes fossiles ; elle forme une bande régulière au nord de la bande méridionale du calcaire de Givet ; on la trouve aussi au nord de la petite bande d'Hestrud. Le calcaire est compacte, de couleur variable, bleu à Trou-Feron, gris-clair à Baives, bigarré de veines, vertes et blanches sur un fond rougeâtre à Trélon (bois de Surmont) , et à Hestrud. Le calcaire bigarré a été exploité pour marbre , mais ces exploitations sont aujourd'hui abandonnées ; les autres calcaires servent à faire de la chaux et à empierrer les routes. Epaisseur de la zone : 500^m.

2° *Zone moyenne.* — Schiste à *Cardium palmatum.* Ces schistes sont d'un noir violacé, à pâte fine, assez durs, fissiles, présentant des empreintes larges de 2 à 3 millimètres , d'un mollusque bivalve, le *Cardium palmatum*, et d'autres empreintes plus petites, attribuées à des crustacés (cypridines) ; ils sont presque partout recouverts par des marais ou par des bois ; on peut cependant les observer au sud de l'Étang-du-Hayon, près de Trélon, et à l'ouest de Féron, sur le chemin de Rainsart. Epaisseur de la zone : 100^m.

3e *Zone supérieure.* — Schistes de Famenne proprement dits. Schistes argileux gris ou jaunâtres, à pâte plus grossière, souvent chargée de paillettes de mica et de grains de quartz. Par la diminution de l'élément argileux, ils passent à la Grauwacke (grès argileux schistoïde) et au Psammite (grès micacé schistoïde) ; aussi est-il très-difficile de marquer la limite entre cette zone et l'assise suivante ;

2e Assise. — Psammites du Condros. (Partie des) *Psammites du Condros,* Meugy). Epaisseur approximative de cette assise y compris la zone précédente : 2,000^m.

1re *Zone inférieure.* — Psammites. Les Psammites sont des grès micacés schistoïdes, mais ils ne présentent ces caractères que dans les cantons de Maubeuge et de Solre-le-Château. Vers le sud ils acquièrent peu à peu une composition plus argileuse, et il devient alors trop difficile de les distinguer des schistes de Famenne. Ces deux assises forment la plus grande partie du sol occupé par les terrains primaires dans l'arrondissement d'Avesnes. Ce sont elles que l'on désigne ordinairement sous le nom d'*Agaizes.*

2e *Zone supérieure.* — Calcaire d'Œtrœungt. A sa partie supérieure, l'étage des Psammites du Condros se charge de carbonate de chaux et on y trouve même des bancs considérables de calcaire. Ce calcaire est bleu foncé ou noir, tantôt compacte, tantôt cristallin rempli de petites lamelles spathiques qui proviennent de tiges d'encrines. On peut observer cette zone dans le voisinage des bandes de calcaire carbonifère, à Œtrœungt où il est exploité comme pierre de construction ; à Haut-Lieu, hameau de Gaudin ; à Avesnelle, hameau du Fourmanoir où la carrière est abandonnée ; à Sars-Poteries (carrières).

L'assise des Psammites du Condros renferme quelquefois de petites veines de charbon, mais nulle part dans le nord de la France elle ne peut fournir à une exploitation régulière et prolongée.

Dans le bassin primaire septentrional, on a atteint le terrain dévonien supérieur par le sondage d'Halluin, à une profondeur de 166^m 48. On y a trouvé des calcaires, des schistes et des grès avec quelques veinules charbonneuses.

C. — Terrain carbonifère.

a. — Étage du calcaire carbonifère.

Dans le grand bassin primaire méridional, cet étage est disposé par petits bassins, au milieu des plis du terrain dévonien supérieur. Ces petits bassins sont ceux d'Œtrœungt, d'Avesnelles, de Marbaix, de Taisnières, de Berlaimont et de Sars-Poteries. Dans le bassin primaire septentrional, le calcaire carbonifère forme une bande régulière au nord du bassin houiller, et il ne se montre qu'accidentellement au sud.

b. — ÉTAGE HOUILLER.

On ne connaît jusqu'à cette heure dans le département du Nord que deux bassins houillers, l'un dans le grand bassin primaire septentrional, l'autre dans le bassin méridional. Ce dernier situé à Aulnoye, près de Berlaimont, est très-réduit et son exploitation a été abandonnée presqu'aussitôt qu'entreprise. Le premier bassin fait au contraire un des éléments de la richesse du département.

L'étage houiller n'a pas encore été subdivisé en assises; il se compose de grès de schistes, et de houille. La houille n'a pas partout la même qualité, elle est maigre dans le nord du bassin et grasse dans le sud; dans le nord, les couches sont assez régulières ; dans le sud elles sont très-disloquées et présentent souvent des replis que les mineurs appellent *crans de retour*.

La limite septentrionale du bassin houiller passe à Château l'Abbaye, au sud de Saint-Amand, à Marchiennes, à Vred, à Annœullin et va joindre le département du Pas-de-Calais vers Bauvin. La limite méridionale est plus irrégulière, elle traverse la frontière au sud de Quiévrain avec une direction de l'est à l'ouest, passe au sud de Saint-Saulve; puis se dirige brusquement vers le sud par suite d'une faille perpendiculaire à la vallée de l'Escaut, de Thiant à Valenciennes. Elle reprend de nouveau sa direction du sud-est au nord-ouest, passe à Douchy, Azincourt, Douai, et atteint le Pas-de-Calais au sud d'Auby.

Dans tout ce parcours l'étage houiller est à une profondeur assez considérable, recouvert par des terrains secondaires et des terrains tertiaires que les mineurs désignent sous le nom de *morts terrains ;* l'épaisseur de ces morts-terrains varie entre 40^{m}45 à Anzin et 158^{m}82 à l'Escarpelle.

TERRAINS SECONDAIRES.

Ils sont au nombre de trois : *terrain triasique, terrain jurassique et terrain crétacé.*

D. — TERRAIN TRIASIQUE.

On a cité comme se rapportant à ce terrain un poudingue exploité comme castine par le haut fourneau d'Aulnoye, près de ce village.

E. — TERRAIN JURASSIQUE.

Ce terrain n'existe pas dans le département, mais il n'est pas bien éloigné. Cambrai est sur le rivage de la mer jurassique qui baignait de ses eaux les points où sont maintenant situés Hirson, Bapaume, Boulogne-sur-Mer.

F. — TERRAIN CRÉTACÉ.

Il se divise en trois étages, *Néocomien, Gault, Craie.*

a. — ÉTAGE NÉOCOMIEN.

Il n'a pas encore été découvert dans le département du Nord, mais il est probablement très-voisin ; car il a à peu près les mêmes limites que le terrain jurassique.

b. — Étage du Gault.

Cet étage s'est déposé à la surface des terrains primaires après que ceux-ci avaient été disloqués, redressés et ravinés. Cette surface présentait donc des parties saillantes et des parties creuses ; le Gault s'est déposé dans les cavités. Il en résulte qu'il existe dans le département d'une manière tout-à-fait irrégulière. Épaisseur variable, 15^m. en moyenne.

On peut y distinguer trois zones.

1° *Zone inférieure*. — Sables très-gros à la partie inférieure, fins à la partie supérieure, mélangés souvent à la base avec du minerai de fer. Le sable fin est parfois très-blanc et peut être employé pour les verreries. On observe ces sables à la surface du sol dans plusieurs points de l'arrondissement d'Avesnes, à Wignehies, Fourmies, Trélon, Glageon, Féron et Sars-Poteries ; on les a constatés souterrainement dans plusieurs autres points du département. C'est le torrent d'Anzin.

2° *Zone moyenne*. — Argile plastique blanche, rouge, grise ou noire ; elle est employée pour faire des faïences. L'argile noire est souvent accompagnée de lits charbonneux et pyriteux que l'on utilise en agriculture comme amendements sous le nom de *cendres*. L'argile se trouve à Ferrières-la-Petite, Damousies, Obrechies, Sars-Poteries (champ d'Offy), Sains (ferme du Défriché) ; dans ces deux derniers points, il y a des exploitations de cendres. On rencontre souvent l'argile du Gault dans les sondages immédiatement au-dessus des terrains primaires.

3° *Zone inférieure*. — Sables verts fossilifères connus

seulement à Wignehies; on doit probablement rapporter à cette zone les grès verts rencontrés par la sonde au-dessous des terrains, primaires à Banteux.

c. — Étage de la Craie.

Cet étage joue un grand rôle dans la constitution géologique du département, où il forme presque à lui seul tous les terrains secondaires. On peut distinguer deux massifs de craie, l'un s'étendant sur toute la partie sud du département, l'autre se montrant dans l'arrondissement de Lille, ces deux massifs sont séparés par le bassin de terrain tertiaire de Mons-en-Pévèle.

L'étage de la craie comprend dans le département du Nord deux assises :

1° Assise de la Craie Glauconieuse. — (*Greensand, système Hervien*, Meugy, et partie des *marnes crayeuses, système Nervien*, du même auteur.)

Cette assise se présente sous trois faciès.

1° *Faciès littoral*. — Visible dans le sud de l'arrondissement d'Avesnes.

Zone inférieure à Pecten asper. — Sable argileux rempli de grains de Glauconie, renfermant de nombreux fossiles entre autres *Pecten asper*. A la base de cette zone, on rencontre fréquemment de petits galets de silex. Quelquefois (Sassegnies) ces galets et le sable glauconieux sont agglomérés par un ciment marneux ; il en résulte une sorte de poudingue friable qui n'est qu'un cas particulier de l'assise en question. Cette zone est très-developpée à la base du terrain crétacé, au sud-ouest d'une ligne qui s'étend de Fourmies à Sassegnies, et on la retrouve souterrainement dans une partie des arrondissements de Cambrai et de Valenciennes; elle constitue le tourtia d'Anzin. Épaisseur de la zone, 10^m

Zone supérieure. — Argile plastique bleu foncé ou verdâtre avec nodules de pyrite d'une épaisseur de 30 mètres dans le canton de Landrecies.

2me *Faciès littoral* — Visible sur les deux promontoirs à l'entrée du golfe de Mons, aux environs de Bavai et de Tournai.

Zone inférieure à Terebratula biplicata. — Conglomerat de coquilles, de sable, de glauconie, de grains de sesquioxide de fer, souvent réuni par un ciment calcaire. Ce conglomérat à *Terebratula biplicata* recouvre le terrain dévonien dans la vallée de l'Hogneau. Épaisseur, 4^m

Zone supérieure à Belemnites plenus. — Argile grise avec nodules de pyrite et *Belemnites plenus*, également visible dans la vallée de l'Hogneau et dans la vallée de la Sambre, près de Boussières. Épaisseur, 5^m

Faciès pélasgique. — Marne grise verdâtre, *Dièves*. C'est sous cette forme que l'on trouve la craie glauconieuse dans tous les sondages faits au centre du département. Épaisseur approximative, 70^m.

2e ASSISE. — CRAIE MARNEUSE *(partie des marnes crayeuses, système Nervien; craie blanche, système Sénonien,* Meugy.)

Zone inférieure. — Marnes grises avec *Terebratulina gracilis;* elles sont employées en agriculture comme amendements, elles renferment par place des bancs de craie dure qui servent à faire de la chaux. On peut les observer dans les cantons de Landrecies, de Bavay, de Cysoing, du Quesnoy, du Câteau, de Solesmes, de Valenciennes, et elles s'étendent souterrainement dans le reste du département : elles forment un niveau d'eau très-abondante qui alimente la plus grande partie du sud du département. Épaisseur, 10^m.

Zone supérieure. — Craie à *Micraster*. Cette zone est formée de craie d'autant plus pure, d'autant moins marneuse qu'on s'élève davantage. On y distingue trois niveaux :

Niveau inférieur à *Micraster Leskei*. La craie contient des rognons de silex pyromaque (*cornus* des mineurs).

Niveau moyen à *Micraster cor testudinarium ;* il y a à la base une couche parsemée de grains de glauconie et l'on trouve dans certaines localités (Lezennes) des nodules de phosphate de chaux. Cette couche est employée comme pierre de construction dans le Cambrésis (*pierre d'Hordain*).

Niveau supérieur à *Micraster cor anguinum ;* beaucoup plus pauvre en fossiles que les précédents.

Cette zone supérieure, qui est la craie proprement dite, se montre à nu dans les arrondissements de Lille, de Douai, de Valenciennes, de Cambrai et d'Avesnes. Elle est cachée dans une partie des trois premiers arrondissements par le bassin tertiaire de Mons-en-Pévèle. A Orchies, sa surface supérieure est à une profondeur de 57^m. Au nord de Lille la craie plonge sous les terrains tertiaires de la Flandre ; à Tourcoing elle est à 112^m ; à Armentières à 68^m ; à Halluin à 116^m. L'épaisseur totale de la zone à micraster est environ de 40^m.

TERRAINS TERTIAIRES.

G. — Terrain éocène.

Il se compose de sable et d'argile.

a. — Étage éocène inférieur.

1.° Assise. — Couches Landeniennes *(système landenien Meugy).* Cette assise couvre une partie des plateaux des arrondissements d'Avesnes, de Cambrai et de Valenciennes. Elle entoure le bassin tertiaire de Mons-en-Pévèle et elle forme également la bordure du grand bassin tertiaire de la Flandre.

Zone inférieure. — Cette zone est très-variable selon les points où on l'observe. Aux environs de Lille elle consiste en une argile verte ou noirâtre, mélangée de sable de même couleur ; du côté de Templeuve et de Marchiennes c'est une argile plus ou moins marneuse ; aux environs de Somain, de Valenciennes et de Cambrai on trouve une roche dure argilo-calcaire remplie de grains de glauconie ; on la désigne sous le nom de *tuffeau, turc, ciel de marne ;* parfois cette roche devient très-sableuse et se désagrége facilement ; elle porte alors dans le pays le nom de *rougeon.*

Dans les environs de Landrecies, du Quesnoy et au sud de Valenciennes cette zone inférieure est représentée par une argile grise ou verte renfermant de nombreux silex de la craie remaniés, corrodés, mais non roulés. Ce conglomerat à silex se trouve partout où la craie sous-jacente est elle-même riche en silex. Épaisseur, 10^m environ.

Zone supérieure. — Sables d'Ostricourt: sables quartzeux blancs ou verdâtres, quelquefois rougeâtres. Aux environs de Douai, de Valenciennes et de Solesmes, ils renferment à leur partie supérieure des bancs irréguliers de grès siliceux concrétionnés. Presque partout où ils existent, les sables et les grès sont l'objet d'exploitations importantes. On rencontre aussi dans cette zone de l'argile plastique grise en couche subordonnée au milieu de sables : à Englefontaine (canton de Quesnoy), à Beaurain et à Viesly (canton de Solesmes) ; elle y est exploitée pour faire des pannes, des carreaux ou de la faïence grossière. Enfin dans les sablières de la côte de l'Empenpont, à Hem, on a rencontré une petite veine de lignites très-pyriteux. Épaisseur moyenne, 20^m.

2ᵉ Assise. — Argile d'Ypres (*système yprésien* Meugy.) Argile grise, plastique à la partie supérieure, feuilletée à la partie inférieure ; cette dernière partie est employée pour la fabrication des pannes, des carreaux et des tuyaux de drainage. Au milieu des feuillets d'argile on trouve fréquemment de petits cristaux de gypse. Cette assise n'existe pas dans le sud du département ; elle couvre la plus grande partie du petit bassin tertiaire de Mons-en-Pévèle, et elle s'étend dans tout le grand bassin tertiaire de la Flandre. Son épaisseur est en moyenne de 20 mètres ; mais elle atteint quelquefois 80 et même 90 mètres.

3ᵉ Assise. — Sables de Mons-en-Pévèle (Partie du *système bruxellien*, Meugy). Ce sont des sables très-fins, glauconifères, micacés, renfermant par place des lits d'argile et d'autres couches calcaires, formées presqu'entièrement de *Nummulites planulata.*

Dans le grand bassin tertiaire de la Flandre, cette assise est représentée par de l'argile plus ou moins sableuse, mêlée de quelques bancs calcaires fossilifères ; les fossiles sont les mêmes qu'à Mons-en-Pévèle. L'épaisseur de cette assise est environ de 20 mètres ; elle n'existe pas dans le sud du département.

b. — ÉTAGE ÉOCÈNE MOYEN.

1re Assise. — *Glauconie* du Mont-Panisel (Partie du *système bruxellien* Meugy). Cette assise est représentée à la base du Mont-Cassel par des sables glauconifères, renfermant des nodules de grès lustré ; on la retrouve, mais sans grès, à la base du Mont-des-Kats et des petites collines voisines. Son épaisseur peut être estimée à 30 mètres.

2e Assise. — Sables de Cassel (*système bruxellien pars* et *système Laackenien* Meugy). Ces sables forment le Mont-Cassel, le Mont-des-Récollets, le Mont-des-Kats et le Mont-Noir. On y distingue trois niveaux :

1er Niveau inférieur ; sables quartzeux, blancs avec quelques grains de glauconie, peu fossilifères.

2e Niveau moyen ; sable avec bancs de grès calcarifères, irréguliers et *Nummulites lævigata*.

3e Niveau supérieur ; sable avec bancs de grès calcarifères irréguliers et *Nummulites variolaria*.

Le niveau supérieur n'existe qu'au Mont-Cassel et au Mont des Récollets, le niveau moyen se trouve en outre, mais à l'état rudimentaire, au Mont-des-Kats, près du couvent.

On peut estimer l'épaisseur de cette assise à 20 mètres environ.

A l'extrémité sud du département, l'étage éocène moyen est représenté par des silex ou des grès siliceux, remplis de *Nummulites lœvigata*; on ne les voit que sur les territoires de Marets, Bussigny (arrondissement de Cambrai); Floyon, La Rouillies, Féron, Glageon, Trélon, Ohain (arrondissement d'Avesnes).

H. — TERRAIN MIOCÈNE.

Étage miocène inférieur (*système tongrien*, Meugy).

On rapporte à cet étage des argiles plus ou moins sableuses, glauconifères, que l'on trouve aux Monts Cassel et des Récollets, au-dessus des sables à *Nummulites variolaria*. Épaisseur 16 mètres.

K. — TERRAIN PLIOCÈNE.

Étage unique.

Assise inférieure. — Sable de Diest (*système Diestien* Meugy). Sable à gros grains, jaune rougeâtre, avec grès et poudingue siliceux de même couleur. Il couronne les sommets de toutes les collines de l'arrondissement d'Hazebrouck, et souvent même, par suite d'éboulements, il en couvre les pentes.

TERRAINS CONTEMPORAINS.

Après le dépôt des sables de Diest, le sol du département a été profondément raviné par des eaux courantes, des quantités énormes de matière ont été enlevées, puisque dans les arrondissements de Dunkerque et d'Hazebrouck le sol s'élevait partout à la hauteur du Mont Cassel. Par contre de nouveaux sédiments se sont déposés , surtout dans les vallées. L'homme existait alors , et a pu être témoin de cette nouvelle formation.

L. — Terrain diluvien (*Alluvions anciennes* Meugy).

Assise inférieure , diluvium gris, formé de galets et de sables grossiers. Il n'existe que dans les vallées et n'a encore été indiqué dans le département qu'à Noyelles , vallée de l'Escaut.

Assise supérieure. — On y distingue deux zones.

1° *Zone inférieure*, caillouteuse. — Diluvium rouge ou diluvium des plateaux. (*Terrain à cailloux*, Meugy) formé de silex cassés et non roulés. On le voit à Noyelles , au-dessus du diluvium gris. On le trouve aussi dans une grande partie des arrondissements d'Hazebrouck et de Dunkerque. Il a quelques mètres à peine

2° *Zone supérieure*. — Limon ou Lœss (*Limon hayesbien* Meugy). C'est une argile plus ou moins sablonneuse jaunâtre, qui a été déposée sur tous les plateaux du département et les couvre comme une sorte de manteau. On l'emploie pour faire des briques. Elle est très-développée dans le sud du département ; aux environs de Cambrai elle atteint une épaisseur de 10 mètres.

M. — Terrain récent. (*Alluvions récentes* Meugy).

Les dépôts de formation récentes sont :

1° *Le Tuf*. — On appelle ainsi un calcaire concrétionné celluleux, produit par des sources incrustantes. Il est assez rare; cependant on le connaît à Artres , près de Valenciennes , et à Solesmes.

2° *Les Alluvions des rivières* composées d'argile, de sable, de galets et par place de minerais de fer.

3° *Tourbe.* — Ce combustible s'est produit et se produit encore dans les vallées de quelques rivières et dans les marais de l'arrondissement de Dunkerque. Les vallées tourbeuses sont celles de la Sensée, de la Scarpe, de la Marque et de la Deûle.

4° *Sable des Dunes.* — Les Dunes se forment encore sur le bord de la mer. Le sable, poussé par le vent, se répand sur le continent et couvre une partie du littoral.

III.

OROGRAPHIE.

Le département du Nord peut se diviser en quatre régions naturelles.

1° *La Flandre.* — Limitée au sud par une ligne qui irait de Douai à Valenciennes. C'est une plaine qui s'étend en pente douce jusqu'à la mer. L'altitude de cette plaine aux environs de Douai et de Valenciennes est en moyenne de 30 à 40^m, 50 au maximum ; elle se continue au même niveau jusqu'au-delà de Cassel. Elle atteint le niveau de la mer près du canal de la Colme et du canal de Bergues. Au nord de ces deux canaux se trouve une contrée plus basse que la haute mer, les Watteringues et les Moëres. En approchant de Dunkerque le sol s'exhausse un peu. La côte est très-plate et s'enfonce doucement sous l'océan.

Le sol de la Flandre est formé par des terrains tertiaires ; il est essentiellement argileux (argile d'Ypres et alluvions), très-propre à la culture des prairies ; près de Douai et de Valenciennes, il est sablonneux (sable d'Ostricourt), et présente plusieurs forêts et des bois nombreux. Au sud de Lille, la plaine a un sous-sol calcaire qui convient parfaitement à la culture des céréales. Tandis que sur le sol argileux les habitations sont disséminées sur toute la superficie des communes ; sur la plaine crayeuse de Lille elles sont groupées en villages bien distincts, séparés par de grandes étendues relatives de terres cultivées et inhabitées.

Sur la plaine de la Flandre s'élèvent quelques monticules. Ce sont le Mont Cassel 157^m, le Mont des Récollets 140^m, le Mont des Kats 158^m, le Mont Noir 131^m, Mons-en-Pévèle 107^m. Ces monticules sont entourés d'une espèce d'auréole de terrains, élevés de plus de 50^m au-dessus de la mer. Ils sont formés par des sables et généralement couverts de bois.

2° *Le Cambrésis.* — S'étend au sud de la Flandre et à l'ouest du Hainaut dont il est séparé par la vallée de la Selle. Le sous-sol de cette région est essentiellement crayeux ; sur les plateaux on trouve quelques lambeaux de terrain tertiaire. Le tout est recouvert d'un limon jaune sablonneux qui se délaye très-facilement dans l'eau ; aussi les chemins ravinés par les eaux de pluie sont-ils fortement encaissés. La partie supérieure du limon est plus argileuse ; elle est très-fertile et très-propre à la culture des céréales. Comme dans la plaine crayeuse lilloise, les habitations sont concentrées autour du village. Aux environs de Cambrai l'altitude est en moyenne de 100^m ; vers le sud elle augmente ; elle atteint 160^m, près d'Elincourt.

3° *Le Hainaut* est compris entre le Cambrésis et l'Ardenne. Le sous-sol est formé de craie marneuse, de marne ou d'argile ; sur les plateaux on trouve parfois du sable, et le tout est recouvert par une couche de limon qui participe aux qualités du terrain sous-jacent. La culture y est très-variée, analogue à celle du Cambrésis sur les plateaux ; elle ressemble à celle de la Flandre dans les vallées. Les bois y sont fréquents et quelques-uns y ont une grande étendue (Forêt de Mormale).

Le Hainaut est en pente inclinée s'élevant doucement vers le sud-est dans la direction de l'Ardenne, sur la frontière de cette région il atteint 230^m (Floyon) vers le sud, et 170 (bois du Ménil) vers le nord.

4° Une partie de l'arrondissement d'Avesnes appartient à l'*Ardenne*. C'est la terminaison occidentale de ce plateau élevé, formé de terrains primaires. Le sol va en s'inclinant du sud-est vers le nord-ouest ; il atteint sa hauteur maximum, 266^m, près d'Anor, à l'extrémité sud-est du département. Les limites sont la Sambre, depuis Jeumont jusqu'à Achette ; la Petite Helpe, d'Achette à Wignehies et le ruisseau de Clairfontaine. Tout le pays compris entre ces limites est essentiellement formé de schistes et de grès schistoïdes que l'on désigne vulgairement sous le nom d'agaises. Dans la partie occidentale on voit au milieu des agaises, des bandes de calcaire plus ou moins larges, et le sol est recouvert d'un épais dépôt de limon argileux. C'est un terrain froid et humide qui convient aux pâturages. Dans la partie orientale les agaises dominent ; le pays est peu fertile, couvert de bois ; on le désigne sous le nom de Fagne.

I V.

HYDROGRAPHIE.

Les principaux cours d'eau qui arrosent le département sont la Sambre, l'Escaut, la Scarpe, la Lys, l'Yser et l'Aa.

La Sambre coule du sud-est au nord-ouest, dans une vallée produite par une dislocation du sol. Elle ne reçoit d'affluents que sur la rive droite. Tous les cours d'eau qui descendent de l'Ardenne suivent la pente générale du sol vers le nord-ouest et se jettent dans cette vallée perpendiculairement à leur direction primitive. Ce sont la Riviérette, la Petite Helpe, la Grande Helpe et le ruisseau de Leval. Au-delà de Maubeuge, les rivières qui descendent de l'Ardenne, coulent dans des vallées de fractures perpendiculaires à la direction des couches, c'est-à-dire dirigées du sud au nord. Ce sont le ruisseau de Ferrières, la Thure, le ruisseau de Hantes ; ils se rendent également dans la Sambre dont la vallée prend alors, à très peu de chose près, la direction même des couches.

L'Escaut coule dans un sillon naturel formé par la réunion de deux pentes qui se coupent sous un angle obtus ; l'une de ces pentes, dirigée vers le nord-ouest, est celle de l'Ardenne et du Hainaut, qui se fait encore sentir dans le Cambrésis, l'autre pente dirigée vers le nord-est est celle des collines de l'Artois. Il en résulte que l'Escaut reçoit des affluents sur les deux rives.

Les affluents de la rive droite prennent leur source près de la vallée de la Sambre. Au lieu de se rendre dans cette rivière, ils suivent la pente du sol et vont porter leurs eaux à l'Escaut. Ce sont la Selle, l'Écaillon, la Rhonelle et l'Hogneau.

Les affluents de la rive droite descendent des collines de l'Artois, et ce sont la Sensée, la Scarpe et la Lys.

A l'exception de l'Escaut, la plaine crayeuse des environs de Cambrai n'est arrosée par aucun cours d'eau régulier ; elle ne renferme aucune source. Au moment des grandes pluies, toute l'eau qui y tombe doit s'écouler dans l'Escaut par deux ravins ordinairement à sec, et qui se transforment alors en torrents, l'Erclin et le torrent d'Esnes.

Les rivières qui arrosent la Flandre coulent plus lentement que les précédentes, et leur direction est déterminée par des circonstances superficielles du terrain.

La Scarpe contourne au sud le massif tertiaire de Mons-en-Pévèle dont l'élévation est un peu plus grande que celle des contrées voisines.

La Lys coule dans une large vallée, creusée au milieu de l'argile d'Ypres. Ses principaux affluents sont, sur la rive droite, la Lawe, qui touche à peine le département et la Deûle, grossie de la Marcq ; sur la rive gauche, la Bourre, et quelques ruisseaux désignés sous le nom de Becques.

La Deûle contourne au nord la plaine crayeuse des environs de Lille ; à partir de cette dernière ville, elle suit la pente générale du terrain qui la porte au nord jusqu'à ce qu'elle rencontre la Lys.

La Marcq, affluent de la Deûle descend du massif tertiaire de Mons-en-Pévèle, et contourne à l'est la plaine crayeuse lilloise.

La plaine argileuse de la Flandre est partagée en son milieu par un léger bombement de terrain qui s'étend du Mont-Cassel

trouve par place en rognons dans les schistes houillers, à Don,
par exemple; mais il y est en trop petite quantité pour être
exploité.

3° *Étage de Gault.* — La limonite (sesquioxyde de fer hydraté, mine jaune), exploitée dans un très-grand nombre de
points de l'arrondissement d'Avesnes, peut se rapporter au
Gault. Elle remplit de petites cavités irrégulières creusées à la
surface des terrains primaires dans les schistes dévoniens, ou
entre ces schistes et le calcaire carbonifère. Elle présente généralement la forme de rognons géodiques; elle est mélangée
d'une quantité plus ou moins grande de carbonate de fer, et
elle est accompagnée de sable et d'argile plastique. Ces exploitations de minerai géodique sont disséminées dans toute la
partie orientale de l'arrondissement d'Avesnes. Les principaux
centres sont Saint-Remi-Chaussée et Damousies.

4° *Étage de la Craie.* — Aux environs de Bavai on trouve
dans l'assise de la craie glauconieuse des couches de limonite
oolitique qui ont été exploitées en même temps que les minerais du Gault qui leur sont inférieurs. Elles sont à elles seules
trop peu importantes pour mériter des travaux spéciaux.

5° *Étage éocène inférieur.* — On rencontre dans l'argile
d'Ypres des rognons de carbonate de fer gris toujours mélangé
de matière argileuse. Ils ne sont jamais en quantité suffisante
pour y être exploités utilement.

6° *Terrain pliocène.* — Le sesquioxyde de fer hydraté est
assez abondant dans les sables de Diest; il sert souvent de ciment aux grès de cet étage, et l'on trouve même parfois des

géodes et des nodules de minérai assez pur : on les a exploités au sud de Cassel pour les hauts fourneaux de Denain ;

7° *Terrain diluvien.* — On a trouvé des débris de fer carbonaté à la partie inférieure du diluvium rouge de quelques localités : Pérenchies, Fournes, etc. Inexploitable ;

8° *Terrain récent.* — Il se produit encore en très petite quantité du minerai de fer dans les alluvions modernes.

COMBUSTIBLES.

Les deux seuls combustibles exploités dans le département du Nord, sont la houille et la tourbe.

La houille est tantôt grasse, tantôt maigre, et il existe tous les passages entre ces deux variétés extrêmes ; son gisement essentiel, sinon unique est dans le terrain carbonifère (voir à la Géologie). Cependant, on l'a rencontrée aussi dans le terrain dévonien supérieur à Halluin, et, *dit-on,* dans plusieurs points de l'arrondissement d'Avesnes. Cette houille du terrain dévonien est toujours en trop faible quantité pour mériter une exploitation quelconque.

La tourbe est extraite dans plusieurs endroits du département (voir à la Géologie : terrains récents).

CENDRES PYRITEUSES.

On désigne sous ce nom des lignites chargés de pyrite ou sulfure de fer ; on les emploie comme amendements, après les avoir fait brûler, à Sains (ferme du Défriché), et à Sars-Poteries (champ d'Offy) ; on retire ces cendres de l'étage du gault. L'é-

paisseur des couches de cendres est de 1 m. A l'Empenpont.
commune d'Hem, il existe une petite couche de 20 centimètres
de lignites pyriteux au milieu des sables d'Ostricourt.

ARGILES.

On ne trouve d'argile que dans les terrains secondaires et
tertiaires :

1° *Étage du gault.*— L'argile du gault est plastique, grise,
blanche ou rouge. On l'exploite dans les environs de Maubeuge
pour faire de la faïence, des poteries grossières et des tuiles ;

2° *Étage de la craie.* — Assise de la craie glauconieuse —
L'argile que l'on trouve dans cette assise est moins pure que la
précédente, elle n'est pas utilisée en France, mais on s'en sert
en Belgique ;

3° *Étage éocène inférieur.*— *Assise landénienne.*— *Zone
inférieure.* Dans les environs de Lille, cette assise est formée
par de l'argile qui est exploitée à Louvil par les fabricants de
pannes de Cysoing ;

4° *Étage éocène inférieur.*— *Assise landénienne.*—*Zone
supérieure.* Au milieu des sables d'Ostricourt qui constituent
cette zone, on trouve par place des couches d'argile plastique
assez pure. Elles sont exploitées pour la fabrication de poteries
et de pannes, à Englefontaine, Beaurain, Viesly, Busigny,
Honnechy ;

5° *Étage éocène inférieur.* — *Assise moyenne. Argile
d'Ypres.* Cette argile dont l'épaisseur est considérable, est grise
ou jaunâtre, plastique à sa partie supérieure, feuilletée à la base ;

c'est surtout la partie inférieure qui est utilisée pour le foulage des étoffes de laine et pour la fabrication de poteries, pannes, tuiles, drins, etc. Les exploitations sont situées dans un grand nombre de communes des arrondissements de Douai, Lille, Hazebrouck et Dunkerque ;

6° *Terrain diluvien.*— *Limon.* C'est une argile jaune plus ou moins sableuse qui recouvre tous les plateaux du département. Partout on l'emploie à la confection des briques et quelquefois des carreaux et des tuyaux de drainage ;

7° *Terrain récent.* — *Alluvions.* On exploite également l'argile d'alluvions, pour la confection des briques dans la forêt de Nieppe, à Bourbourg, à Merville, à Bailleul, à Deûlemont.

SABLES.

On rencontre sept niveaux de sable :

1° *Étage du gault.* — Sable quartzeux, fin à la partie supérieure, devenant de plus en plus gros vers le bas. Il est tantôt blanc, violet ou jaune ocre, la variété blanche est employée pour les verreries. Exploitations à Sains et à Sars-Poteries ;

2° *Étage éocène inférieur.* — *Sables d'Ostricourt.* Sables quartzeux, presque toujours pénétrés de grains verts de glauconie. Sa couleur naturelle est le blanc légèrement verdâtre ou grisâtre. Quelquefois il est jaune ou même rouge. Il est exploité dans un grand nombre de communes du département, sauf dans les arrondissements de Dunkerque et d'Hazebrouck, où cette zone est toujours recouverte par les terrains supérieurs,

3° *Étage éocène inférieur.* — *Sables de Mons-en-Pévèle.* Sables très-fins, d'un jaune verdâtre, sans emploi ;

4° *Étage éocène moyen.* — *Sables de Cassel.* Sable quartzeux, légèrement glauconifère dans le bas, calcaire à la partie supérieure, c'est surtout la partie inférieure qui est exploitée dans les différentes collines de l'arrondissement d'Hazebrouck ;

5° *Étage pliocène.* — *Sables de Diest.* Sable quartzeux, à grains assez gros, généralement coloré en ocre foncé par de l'oxyde de fer. Il couronne les sommets des mêmes collines ;

6° *Terrain diluvien.* — *Limon.* A la base du limon on trouve, par places, du sable boulant, que l'on exploite pour faire du mortier à Moulins-Lille, à Baisieux, etc.;

7° *Terrain récent.* — Les sables d'alluvion sont exploités à Wez-Macquart, route de Lille à Armentières.

GRÈS.

On trouve des grès :

1° Dans le *Poudingue de Burnot.* Carrière à Gognies-Chaussée ;

2° A la partie supérieure des *sables d'Ostricourt ;* c'est de là que viennent la presque totalité des grès employés dans le département. Le centre de l'exploitation était, il y a quelques années, aux environs de Douai ; il est maintenant entre Solesmes et Valenciennes ;

3° Dans les *sables de Diest,* au Mont-Cassel et au Mont-des-Kats. On y taille surtout de grands grès qui servent pour les bordures.

On fait aussi des pavés pour cour et écuries , en calcaire gris , appartenant à l'*assise du calcaire de Visé* de l'arrondissement d'Avesnes.

MARBRES.

Les marbres sont l'objet d'une industrie importante dans l'arrondissement d'Avesnes. Ils appartiennent aux calcaires des terrains dévonien et carbonifère.

Marbres noirs. — Marbres noirs unis : calcaire carbonifère de Bachant , d'Avesnelles , de Cartignies ; calcaire dévonien moyen de Glageon , de Trélon, de Wallers , d'Hestrud. — Marbres noirs veinés ou fleuris : calcaire dévonien moyen de Cousolre , d'Hestrud et de Trélon (*Sainte-Anne*) ; de Glageon (*Glageon fleuri*) ; de Boussois ; calcaire carbonifère de Marbaix (*Granite*).

Marbre gris. — Calcaire carbonifère supérieur de Beaufort, de Ferrières-la-Petite.

Marbres rouges. — Calcaire dévonien supérieur de Trélon et d'Hestrud.

Marbres brèches. — Calcaire carbonifère supérieur de Dourlers, de Berlaimont , de St.-Hilaire.

PIERRES DE TAILLE.

Les calcaires marbres de l'arrondissement d'Avesnes sont fréquemment employés comme pierre de taille. On peut y ajouter quelques bancs de la craie à *Micraster cor testudinarium* exploités à Lezennes, Hordain, Avesnes-le-Sec, Béthencourt, Inchy et d'autres localités du Cambrésis.

PIERRES A CHAUX.

On se sert pour faire de la chaux de la craie et des calcaires carbonifère et dévonien.

MARNE.

Il n'y a dans le département qu'un seul niveau de marnes proprement dites, c'est celui qui est à la base de la craie marneuse et où on trouve la *terebratulina gracilis*. Les agriculteurs remplacent souvent la marne par de la craie plus ou moins marneuse ou par de la chaux.

MATÉRIAUX POUR EMPIERRER LES ROUTES.

1° *Grès de la grauwacke à Leptœna Murchisoni.* — Pierre très-dure, faisant des routes excellentes ; peu employée ; carrière à Anor.

2° *Calcaires marbres des terrains dévonien et carbonifère.* — Pierre d'une faible dureté, noire, bleu foncé, grise ou blanche. Ce sont les seuls matériaux employés dans l'est de l'arrondissement d'Avesnes.

3° *Schistes et grauwacke du terrain dévonien.* — Matériaux de mauvaise qualité qui ne sont employés que pour les chemins communaux.

4° *Silex de la craie.* — Ils sont noirs intérieurement et revêtus à l'extérieur d'une croûte blanche ; ils ne forment pas l'objet d'une exploitation spéciale ; on les met de côté dans les carrières où on exploite la craie à *Micraster Leskei* et on les joint aux silex suivants.

3*

5° *Silex du conglomérat de l'assise landenienne.* — Ce sont les silex de la craie remaniés à l'époque tertiaire, ils sont en général dépouillés de leur couche blanche et toujours salis par de l'argile. Comme ils affleurent à la surface du sol sur la pente des coteaux des cantons du Cateau, de Solesmes, du Quesnoy, de Bavai et de Valenciennes, l'exploitation en est très-facile ; aussi n'a-t-elle lieu que temporairement et en hiver.

6° *Silex à Nummulites lœvigata* de l'étage éocène moyen. — Ils ne sont pas employés dans le département du Nord où ils sont peu nombreux, mais on s'en sert avec avantage dans le département de l'Aisne.

7° *Cailloux et galets du terrain diluvien.* — On les utilise dans toute la partie nord du département.

PIERRES A POLIR LE MARBRE ET REPASSSER LES OUTILS.

Psammites de l'étage dévonien supérieur des environs de Maubeuge.

Grès de l'étage dévonien inférieur exploité à Anor.

SUBSTANCES DIVERSES.

Calcite (carbonate de chaux cristallisé.) — Se trouve :

1° En filons dans le calcaire carbonifère. Un filon de cette nature à Marbaix a une largeur de plus de 2^m. Il est exploité pour les verreries et pour mettre dans les allées de jardin.

2° En géodes dans des cavités du calcaire carbonifère.

Gypse (sulfate de chaux.) — Existe en cristaux dans la partie inférieure feuilletée de l'argile d'Ypres. On en trouve de très-beaux cristaux au Ravensberg, près de Bailleul.

Quartz hyalin se voit :

1° En petits cristaux dans les géodes du calcaire carbonifère. 2° En masses blanches amorphes, d'aspect gras, en filons dans l'étage dévonien inférieur.

Quartz silex pyromaque. — Très-abondant dans la craie.

Quartz jaspe noir (phtanite.) — Forme des nodules dans le calcaire carbonifère. Les ouvriers carriers désignent ces nodules sous le nom de *clous*.

Glauconie. — Silicate de fer potassique très-abondant dans le département. Elle se trouve sous forme de grains verts dans presque toutes les couches des terrains secondaires et tertiaires.

Vivianite. — Phosphate de fer bleu, d'aspect terreux, existe en nids dans les alluvions récentes et les tourbières.

Pyrite. — Sulfure de fer jaune laiton en filons ou en nids dans les calcaires dévoniens et carbonifères et dans les schistes houillers.

Marcassite. — Sulfure de fer blanc jaunâtre formant généralement des nodules sphéroïdaux, à structure intérieure rayonnée présentant à l'extérieur des facettes carrées ou des pyramides. Se trouve en abondance dans les diverses assises de la craie.

Soufre natif. — Remplit soit seul, soit mélangé à de la calcite, certaines géodes du calcaire carbonifère de Marbaix.

VI.

PALÉONTOLOGIE.

Liste des Fossiles reconnus dans le département du Nord.

B. — TERRAIN DÉVONIEN.

ÉTAGE DÉVONIEN INFÉRIEUR.

Assise de la Grauwacke à *Leptœna Murchisoni.*

Avicula lamellosa ,   Anor.
Spirigera undata ,   id.
Spirifer macropterus, id.
Leptœna Murchisoni , id.
Chonetes Plebeia ,   id.
Pleurodyctium problematicum , id.

Assise du Poudingue de Burnot.

Néant.

Assise des Schistes à calcéoles.

Bronteus flabellifer, Fourmies.
Pentamerus biplicatus, id.
Atrypa reticularis,   id.
Spirifer,   Wignehies.
Favosites reticulata , Glageon, hameau de Couplevoie.

ÉTAGE DÉVONIEN MOYEN.

Bronteus flabellifer, Ferrières-la-Gr.
Gomphoceras subpyriformis, id.
Orthoceras ,   id.
Macrocheilus arculatus , Boussières.
Murchisonia bilineata, Boussois.
Strigocephalus Burtini , Trélon.
Spirifer aperturatus, Glageon.
Spirigera concentrica , Gussignies.
Atrypa reticularis, Glageon, Wallers, Taisnières-sur-Hon.
Cyathophyllum hexagonum, Trélon.

ÉTAGE DÉVONIEN SUPÉRIEUR.

Assise des schistes de Famenne.

Bronteus flabellifer, Baives.
Cardium palmatum, Trélon, Féron.
Terebratula elongata , Baives.
Spirifer disjunctus , Avesnes , Les Fontaines, Cousolre, Ferrières-la-Grande , Ramousies.
Spirifer lœvigatus, Trou Féron.
Spirifer conoïdeus ,   id.
Spirifer lenticulatum, Wallers.
Spirifer Trigeri,   id.
Cyrthia Murchisoniana , Cousolre, Fagne de Trélon , Féron.
Spirigera concentrica , Wallers.
Atrypa reticularis.   id.
Rhynchonella cuboides, Baives, Trélon, Trou Féron.
Rhynchonella pugnus , Baives, Wallers, Trélon.
Pentamerus galeatus , Trou Féron.
Orthis striatula , Baives.
Productus subaculeatus, Baives.
Receptaculites rhombifer, id.
Acervularia ,   Wallers.
Favosites cervicornis, id.

Assise des Psammites du Condros.

Phacops latifrons, Œtrœungt, Flaumont, Sars-Poteries
Clymenia linearis, Œtrœungt.
Terebratula hastata ,   id.
Spirifer disjunctus, Rainsart, Boussières, Œtrœungt, Saint-Remi-Mal-Bâti.
Spirifer Trigeri , Semeries.
Spirifer hystericus? Œtrœungt.

Spirifer distans? OEtrœungt.
Spirifer crispus, Sars-Poteries.
Spirifer mosquensis, id.
Spirigéra concentrica, OEtrœungt.
Atrypa reticularis, id.
Rhynchonella Boloniensis, id.
Orthis Eifeliensis, id.
Orthis crenistria, id.
Orthis arachnoidea, id.
Orthis striatula, id.
Productus scabriculus, id., Sars-Poteries, Flaumont.
Productus subaculeatus, Rainsart.
Cyathophyllum vermiculare, OEtrœg^t
Clisiophyllum Omaliusi, OEtrœungt.

TERRAIN CARBONIFÈRE.

ÉTAGE DU CALCAIRE CARBONIFÈRE.

Assise du calcaire de Tournai.

Phillipsia gemmulifera. Marbaix.
Nautilus subsulcatus? Bachant.
Orthoceras Munsterianum, id.
Cyrthoceras Verneuilianum, id.
Gomphoceras fusiforme, Avesnelles.
Evomphalus œqualis, id., Bachant.
Evomphalus cirroides, Bachant.
Evomphalus helicoides, id.
Evomphalus voisin de l'*acutus*, id.
Chemnitzia Lefebvrei, Avesnelles, Bachant.
Nerita ampliata? Bachant.
Serpularia serpula, Avesnelles.
Dolabra securiformis, id.
Bellerophon hiulcus, Bachant.
Bellerophon bicarenus, id.
Dentalium priscum, id.
Cardinia subconstricta, Avesnelles.
Avicula flexuosa, id.
Pecten Bathus, id.
Pecten Knockoniensis, id.
Terebratula planosulcata, id.
Spirifer mosquensis, Marbaix, Avesnelles.

Spirifer partita, Flaumont·
Spirifer tricornis., Marbaix.
Rhynchonella pleurodon, Avesnelles.
Orthis striatula, Marbaix.
Orthis umbraculum, id.
Leptœna depressa, id.
Chonetes variolaria,, Avesnelles.
Productus semireticulatus, Marbaix.
Productus Flemingii, Avesnelles.
Productus Heberti. id.
Productus Cora, id., Marbaix.

Assise du Calcaire de Visé.

Terebratula sacculus, Limont.
Spirifer lineatus, id.
Spirifer Glaber, id.
Spirifer duplicicosta, id.
Cyrtina septosa, Marbaix.
Rhynchonella pugnus, Limont.
Chonetes comoides, Ferrières-la-Petite
Productus undatus, Limont.
Productus semireticulatus, id.
Productus sublœvis, OEtrœungt, St-Hilaire, Dampierre, Marbaix.
Productus latissimus, OEtrœungt.

TERRAIN CRÉTACÉ.

ÉTAGE DU GAULT·

Serpula filiiformis, Wignehies
Serpula quinquangulata, id.
Serpula antiquata, id.
Acteon nov. sp., id.
Natica Dupinii, id.
Solarium moniliferum, id.
Turretella Vibrayana, id.
Dentalium nov. sp, id.
Nucula pectinata, id.

ÉTAGE DE LA CRAIE.

Assise de la Craie glauconieuse.

Zone à *Pecten asper.*

Serpula amphisbœna, Sassegnies.
Nautilus elegans, id.

Nautilus subradiatus , Sassegnies.
Ammonites Rennevieri, id.
Ammonites laticlavius, id.
Pleurotoma Mailleana , id.
Pleurotoma perspectiva , id.
Cyprina quadrata, id.
Cyprina Ligeriensis , id.
Pecten elongatus , id.
Pecten striatus, id.
Pecten asper, Sassegnies , Noyelles, Cartignies, Marbaix, Boussières.
Pecten serratus, Sassegnies.
Pecten quinquecostatus , id.
Pecten orbicularis , id.
Spondylus striatus, id.
Ostrea conica , Sassegnies , Noyelles, Cartignies, Marbaix.
Ostrea vesiculosa , Sassegnies , Cartignies.
Ostrea diluviana , Sassegnies.
Ostrea pectinata , id.
Rhynchonella pisum , id.
Terebratula obesa , Boussières.

Zone à *Terebratula biplicata.*

Pecten quinquecostatus, environs de Bavai.
Pecten subacutus , environs de Bavai
Ostrea carinata, id.
Ostrea haliotidea , id.
Terebratula depressa , id.
Terebratula biplicata. id.
Terebratula disparilis , id.
Terebratula Mantelliana, id.
Terebratula Beaumonti, id.
Terebratella Menardi , id.
Rhynchonella gallina , id.
Rynchonella depressa , id.

Zone à *Belemnites plenus.*

Oxyrhina Mantelli, Gussignies.
Serpula amphisbœna, id.
Belemnites plenus , id., Boussières.

Ostrea diluviana , Gussignies, Rouss.
Pecten fimbriatus , id.
Ostrea lateralis , id.
Terebratula obesa, id., Boussières.
Rhynchonella plicatilis , Gassignies.
Echinoconus vulgaris, id.

Assise de la Craie marneuse.

Zone à *Terebratulina gracilis.*

Spondylus, Cysoing.
Ostrea flabellula, Cysoing, Solesmes.
Inoceramus , Cysoing.
Terebratula semiglobosa , Cysoing, Solesmes.
Terebratulina gracilis. Cysoing, Marbaix , Solesmes , Artres.

Zone à *Micraster.*

Plychodus nov. sp., Erre.
Nautilus , Lezennes.
Inoceramus Lamarkii , Lezennes.
Inoceramus. sp.
Pecten Dujardini.
Ostrea.
Micraster cor anguinum , Erre.
Micraster cor testudinarium, Lezenne, Hordain, Bethencourt.
Micraster gibbus, Lezennes.
Micraster Leskei, Cysoing , Haussy, Le Câteau.
Echinocorys vulgaris , Lezennes.
Echinoconus conicus , Bethencourt.

TERRAIN ÉOCÈNE.

TERRAIN ÉOCÈNE SUPÉRIEUR.

Assise des couches Landeniennes.

Turritella , La Bassée.
Cyprina, id.
Crassatella , id.

Assise de l'argile d'Ypres.

Neant.

Assise des sables de Mons-en-Pevèle.

Turritella, Mons en-Pevèle , Roncq ,
    Cassel.

Dentalium.

Nummulites planulata, Mons-en-Pe-
    vèle , Roncq , Cassel.

ÉTAGE EOCÈNE MOYEN.

Assise de la Glauconie du mont Panisel

Turritella , Cassel.

Assise des sables de Cassel.

Epine de Balistide , Cassel.
Otodus ,   id.
Lamna ,   id.
Carcharodon Disauris, id.
Solarium Nystii ,   id.

Cerithium giganteum, Cassel.
Cardium porrulosum,   id.
Ostrea flabellula ,   id.
Ostrea inflata ,   id.
Terebratula Kikxii,   id.
Lenita patellaris ,   id.
Nummulites lœvigata, Mont-des-Kats.
Nummulites variolaria, id.

TERRAIN MIOCÈNE.

Néant.

TERRAIN PLIOCÈNE.

Néant.

TERRAIN DILUVIEN.

Elephas primigenius, Selvigny.

Lille, L. Danel.

www.ingramcontent.com/pod-product-compliance
Ingram Content Group UK Ltd.
Pitfield, Milton Keynes, MK11 3LW, UK
UKHW031744170726
13836UKWH00002B/869